U0347316

著作权合同登记：图字 01-2020-0529

Illustrations and Text Copyrights ©Jake Williams, 2019
First published in the United Kingdom by Pavilion Children's Books,
An imprint of Pavilion Books Company Limited, 43 Great Ormond Street, London
WC1N 3HZ
Simplified Chinese rights arranged through CA-LINK International LLC（www.ca-link.cn）

图书在版编目（CIP）数据

达尔文的发现之旅 /（英）杰克·威廉姆斯文图；李双燕，包楠译 . --
北京：天天出版社，2020.11
ISBN 978-7-5016-1294-9

Ⅰ . ①达… Ⅱ . ①杰… ②李… ③包… Ⅲ . ①自然科学 – 儿童读物 Ⅳ .
① N49

中国版本图书馆 CIP 数据核字 (2020) 第 104680 号

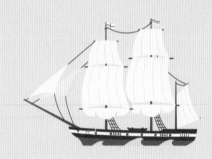

责任编辑：范景艳	美术编辑：林 蓓
责任印制：康远超 张 璞	

出版发行：天天出版社有限责任公司
地址：北京市东城区东中街 42 号　　　　　　　**邮编**：100027
市场部：010-64169902　　　　　　　　　　　　**传真**：010-64169902
网址：http://www.tiantianpublishing.com
邮箱：tiantiancbs@163.com

印刷：北京新华印刷有限公司	经销：全国新华书店等
开本：889*1194　　1/16	印张：6.5
版次：2020 年 11 月北京第 1 版	印次：2020 年 11 月第 1 次印刷
字数：65 千字	

书号：978-7-5016-1294-9	定价：88.00 元

达尔文
的发现之旅

[英] 杰克·威廉姆斯 文/图

李双燕 包楠 译

人民文学出版社 天天出版社

目　录

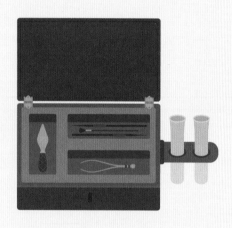

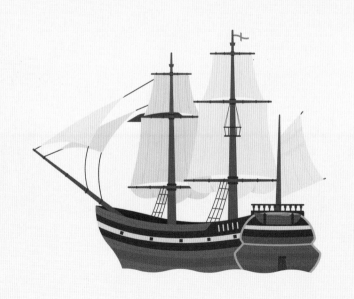

自然奇观

查尔斯·罗伯特·达尔文诞生于 1809 年 2 月 12 日，他的家族是英国小城什鲁斯伯里当地小有名望的殷实之家。达尔文 8 岁时，母亲苏珊娜就去世了，是三个姐姐把他带大的。达尔文的父亲罗伯特对他慈爱有加，但也非常严格。

达尔文的祖父伊拉斯谟斯·达尔文是著名的医生、哲学家，父亲也是一名医生。然而，达尔文的聪明才智并没有在童年时期立刻显现出来，几乎没人料到他长大后会成为世界上最伟大的科学家之一。

尽管达尔文在学业上表现并不突出，但他一直热爱大自然。他喜欢花数小时的时间在户外漫步，观察植物和昆虫，寻找贝壳、鸟蛋和鹅卵石。左侧是达尔文早期的一幅画像，手里抱着自己亲手养的植物。

9 岁时，达尔文被送到寄宿学校。直到此时，他才明白自己喜爱自然历史。有时，达尔文学习拉丁语和希腊语经典等枯燥的科目时感到很沮丧，他宁可去学习植物学和地质学。

少年时期的达尔文爱好广泛。他喜欢观察鸟类，阅读书籍，收集各种东西。他和哥哥甚至还在花园棚子里搭建了一个自制化学实验室！后来，达尔文说他们在这个实验室里做实验就像接受到了最好的学校教育。

长大成人

达尔文梦想着以后能从事生物学或自然历史学方面的工作，但他的父亲不同意。16 岁时，他被爱丁堡大学录取，开始学习医学。可怜的达尔文很不喜欢他的新专业。

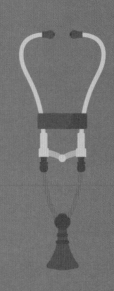

如果选择当医生，达尔文就要做手术。但是当时，患者在手术过程中没有麻醉剂可用，也没有镇痛剂来缓解疼痛。外科手术经常出现流血的情况，医生要清理瘀血，病人也很痛苦，达尔文看到这些很震惊。因此，他还没毕业就辍学了。

达尔文离开爱丁堡后，他的父亲又建议他将来去英格兰教会工作。为了成为一名牧师，达尔文被送到剑桥大学的神学院接受培训。他在那里遇到了植物学教授约翰·史蒂文斯·亨斯洛，两人很快成为了挚友。

丰富多彩的收集

　　达尔文不是特别虔诚，也不乐意去教堂做礼拜。但是，剑桥的生活的确有一个优势——他有很多课余时间与亨斯洛教授讨论科学，去乡间散步，收集更多的甲虫。达尔文四处搜寻稀奇有趣的物种。他的收集范围相当广泛，直到 200 年后的今天，科学家们仍能在其中发现新物种。

邀请函

　　1831 年 8 月，亨斯洛教授给达尔文寄了一封非常特别的信。信的内容将引发一系列事件，不仅会改变达尔文的一生，也会影响未来几个世纪社会学、生物学和科学的发展。

　　这封信邀请达尔文加入即将起程的环球考察航行，成为随行人员。舰长正在寻找一位博物学家与他们一同踏上旅程，亨斯洛强烈推荐了达尔文。达尔文没有找牧师的工作，而是立即开始说服父亲同意他出海。父亲很失望，他认为这个想法太愚蠢了。

长途航行

　　这艘船是英国皇家海军"小猎犬号"。罗伯特·菲茨罗伊舰长是一名年轻的海军军官，他希望找到一位喜欢科学的绅士同行。他制定的航行路线近 65,000 公里，约等于地球周长的 1.5 倍。当"小猎犬号"的船员们勘测海岸线并绘制地图时，达尔文就会前往内陆研究其他国家的动植物。

达尔文需要帮助，他不仅要说服父亲让他出海航行，还需要出海的经费。幸运的是，他的舅舅乔赛亚出手帮了忙。他给达尔文的父亲写信，建议他再三考虑。最后，父亲同意了。

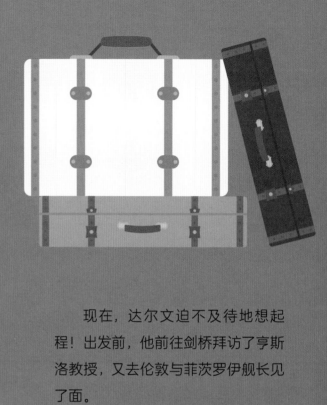

现在，达尔文迫不及待地想起程！出发前，他前往剑桥拜访了亨斯洛教授，又去伦敦与菲茨罗伊舰长见了面。

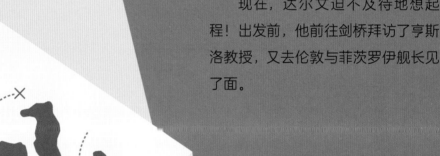

英国皇家海军"小猎犬号"

当时，英国海军是世界上公认的最强大、最令人尊敬的海军。为了保持当前地位，英国海军需要拥有最好的地图和海图。英国皇家海军"小猎犬号"是其中的一艘小型舰艇，用于详细考察全球的沿海和海洋。它在 1826 年—1830 年间首次航行。

27 米

"小猎犬号"长约 27 米，大约相当于两辆首尾相接的巴士的长度。

"小猎犬号"被派去绘制南美洲的海岸图。在船只检修期间，达尔文便和伦敦的科学家讨论自然科学知识，并购买了一些用品。一切都经过了精心的准备：船体已经过防水处理，绳索已换新，甲板也擦洗干净了。

虽然"小猎犬号"不是战舰，但必须做好应对危险的准备。谁知道在远离家乡的未知海域航行时会遇到什么情况。许多船员是海军陆战队士兵，这些训练有素的武装水手可以抵御海盗、敌舰或更危险的袭击。

该船能够装载10门大炮，但在达尔文的这次航行中只装了6门。

紧凑且舒适

"小猎犬号"甲板下的生活很拥挤，但船员们会充分利用有限的空间。这艘船配备了环球旅行需要的所有必需品，包括食品区、餐厅和储煤室。

船屋改造

在维修船只的过程中，菲茨罗伊舰长将船后方的甲板抬高了约 1.5 米，创造了"船尾甲板"的新高度。船尾甲板的高度增加，方便船员航行和观察周围的水域。海图室位于船尾甲板下方，船员们在

这里一起查看地图、帮忙规划航行路线。这也是达尔文在航行中睡觉的地方，他每天晚上都把吊床挂在海图桌上方。

在这么小的船上一住就是几周甚至几个月，达尔文很可能已经探索了这艘船的每一个角落。尽管他睡在小小的海图室中，但作为绅士，他有望和舰长共同进餐。

工具清单

父亲同意赞助达尔文搭乘"小猎犬号"探险后，他便开始为旅行打包行李、购置物品。由于船上空间有限，他必须非常慎重地考虑自己要带什么设备上船。他要做出一些艰难的抉择，因为航行预计至少持续两年。

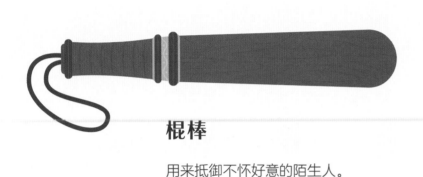

棍棒

用来抵御不怀好意的陌生人。

刀

可以用来砍野地里的植物。

《圣经》

达尔文打算回家后仍然当牧师。

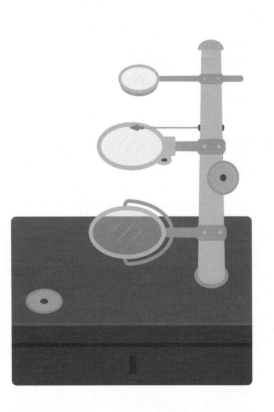

显微镜

对近距离观察标本至关重要。

望远镜

能够看到远处物体的装备，也是达尔文最值钱、最珍贵的一件工具。

酸测试包

达尔文可以利用这套科学仪器测试、分析船上的标本。

地质锤

用来把岩石和石头凿碎。

测角仪

一种精确测量矿物质中晶体形状的设备。

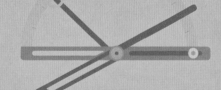

手枪

另一件保证达尔文人身安全的重要工具。

测斜仪

一种可以测量山坡角度的特殊量角仪。

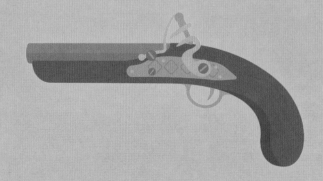

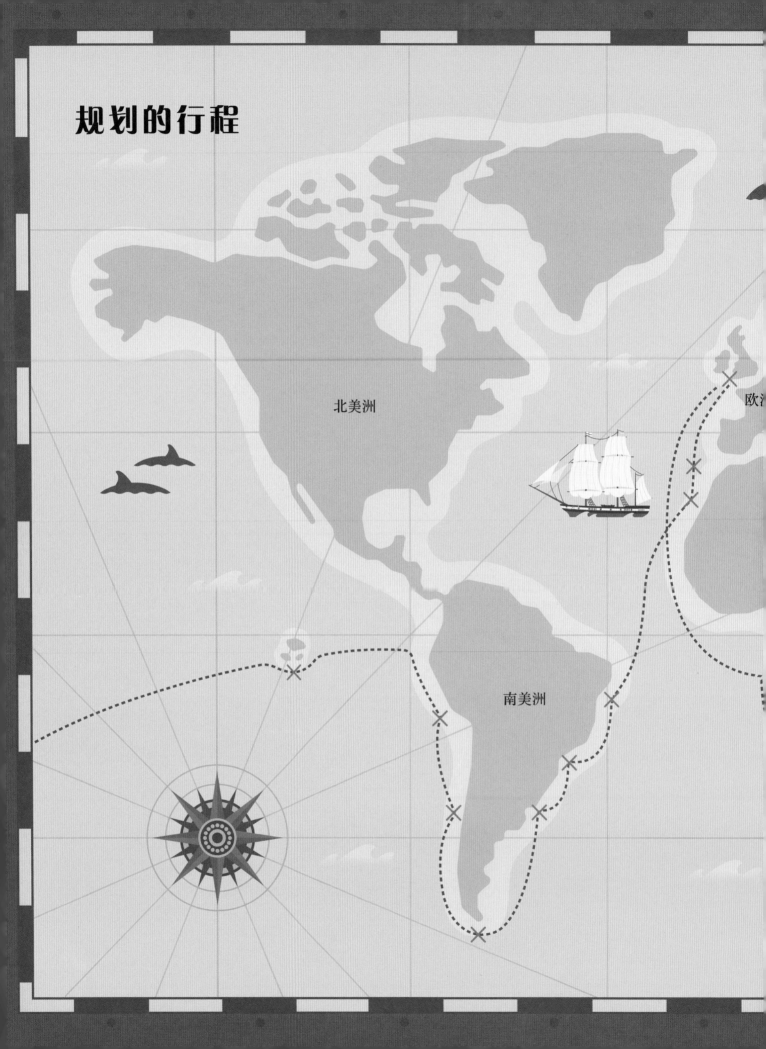

规划的行程

北美洲

南美洲

欧洲

菲茨罗伊舰长负责制定"小猎犬号"的航行路线。"小猎犬号"原定从英国的普利茅斯港出发,中途在马德拉群岛和加那利群岛停靠,然后一路向南绕过南美洲海岸线,再向西驶向澳大利亚、新西兰,最后返回英国。

亚洲

非洲

澳大利亚

新西兰

黎明的冒险

　　菲茨罗伊舰长是一名懂技术又能干的海员，但"小猎犬号"的第二次航行起初并不顺利。达尔文和船员们本应该在1831年10月登船出发，但是由于天气恶劣，船只在普利茅斯港停泊了数周。这艘船曾两次尝试起航，但超级大风迫使菲茨罗伊不得不驶回海港。

终于出发了

圣诞节将至，天气终于好转了。1831 年 12 月 27 日清晨，风平浪静，细雨连绵，菲茨罗伊下令起航。不论是否做好准备，查尔斯·达尔文史诗般的冒险已经开始！尽管这次航行计划持续两年，但他和其他 73 名船员在未来近五年内都见不到英国了。

重新思考

几天、几周、几个月过去了，达尔文开始怀疑这次探险是否是个好主意。他开始感到胸痛和心跳加速。他在笔记中写道，这是他度过的最痛苦的时光。

旅程开始

不晕船

从"小猎犬号"离开英国的那一刻起，达尔文就开始晕船。船员们努力工作，扬起风帆，并调整船的航线以充分利用天气条件。如果有人不服从舰长的指挥，他们将受到严惩。

宾至如归？

达尔文努力适应连续在海上过夜的生活。有时候他感觉很糟糕，他所能做的就是把自己关在小屋里。他躺在吊床上，连续在屋里待上几个小时。大西洋上水流剧烈，狂风肆虐。

风暴海洋

菲茨罗伊驾驶这艘船驶向非洲西海岸。原计划第一站停靠在马德拉群岛，但天空连降暴雨，"小猎犬号"无法靠岸。他们别无选择，只好驶向下一个宁静的港口！

葡萄干和饼干

达尔文在整个航程中一直晕船。起初，他唯一能吃得下的食物就是葡萄干和饼干。他一定感到非常沮丧。有时候感觉好一点，达尔文就会利用在海上的时间读书、思考。

不能在此停靠

从马德拉群岛起航后，菲茨罗伊舰长制定了一条前往加那利群岛的路线。达尔文已经安排好在那里见一个朋友，然后一起去探险，但又一次没能如愿。英国传来霍乱暴发的消息，船员们不允许登陆，以防携带霍乱病毒。达尔文一定想知道这次航行接下来会把他带到哪里。

新奇的动物

　　达尔文从未想象过他在"小猎犬号"探险中会遇到这么多奇观。各种各样令人眼花缭乱的生物——有庞大笨拙的乌龟，有奇特的蹼足鸭嘴兽，还有体形微小、富有光泽的昆虫。它们在形成震惊世界的科学理论的过程中都发挥了重要作用，这就是后来大家耳熟能详的达尔文进化论。

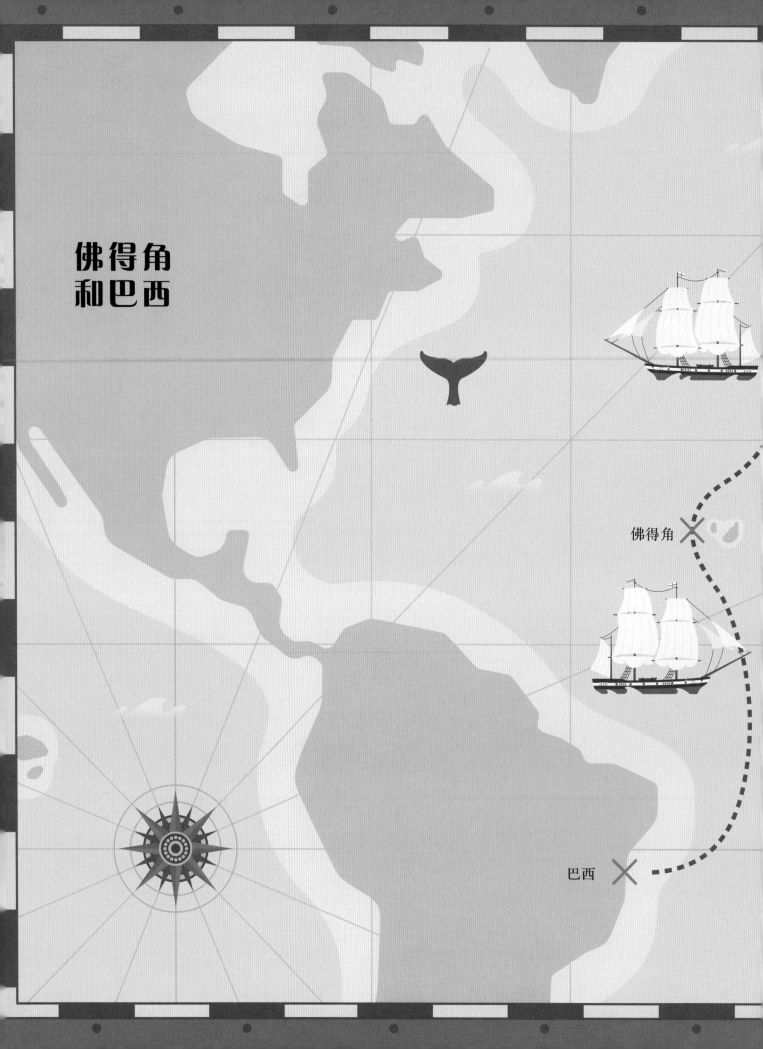

佛得角
和巴西

佛得角 ✕

巴西 ✕

英国

　　"小猎犬号"最终在位于佛得角群岛的圣地亚哥一个小港口首次停靠。那里的悬崖令达尔文着迷——白色的岩石层向世人展示了这座小岛是如何历经岁月慢慢变迁的。短暂参观后，船只穿过赤道，继续向南航行，驶向巴西。

好奇的墨鱼

　　圣地亚哥探险一开始，达尔文的沮丧之情便烟消云散，喜悦之情溢于言表。眼前的热带景观满是茂密的植物、迷人的海滩和令人惊奇的野生动物。有一天，达尔文外出游泳，一条普通的墨鱼迎面而来。墨鱼是一种软体海洋生物，头部长有腕足，鳍部呈波纹状。

接招！

　　有时，当达尔文观察墨鱼时，会被溅一身水。墨鱼能将海水吸入体内，然后再快速喷出！

　　当墨鱼察觉到危险时，它会利用喷射水流推动身体快速逃离。

变色让我聪明

墨鱼和鱿鱼、章鱼相似。这些物种经过进化，可以很好地适应环境，躲避捕食者，捕获猎物。达尔文对它们精湛的技能感到惊讶。也许最令人瞠目结舌的就是它们可以快速地改变身体的颜色！墨鱼皮肤透明，皮下有一层可以扩张和收缩的细胞，细胞的这种变化会导致皮肤颜色快速变化。

只能看不能摸

墨鱼不仅可以改变肤色，还能改变质地！它们的皮肤可以在不到一秒的时间内完成由光滑到粗糙，再到多刺的变化。这种变化有助于墨鱼在多岩石和沙子的海洋环境中生存。

圣保罗岩礁

菲茨罗伊舰长想在前往巴西的途中再停一站，就将"小猎犬号"在圣保罗岩礁停靠了一天。圣保罗岩礁位于非洲和南美洲之间的海域，是突出海面的一小部分岛屿。岩石的山脊给过往船只带来了危险。达尔文上岸时，菲茨罗伊和他的船员便着手绘制岩石的具体形状和位置。

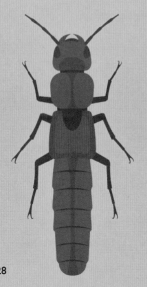

萌生想法

达尔文列出他在岛上可以找到的所有野生生物的清单，并开始了他的研究。那里没有草、树等植物，只有螃蟹、鸣叫的海鸟和少量的昆虫。在这里努力生存的小虫子和蜘蛛使达尔文陷入了深思。也许这就是生命开始的方式？这些昆虫是否比那些体形更大、结构更复杂的物种出现得更早？

无人区

圣保罗岩礁是一个遥远而僻静的地方。菲茨罗伊舰长竟然找到了它，真是令人惊讶！暴风过后，地面上散布着鸟儿和它们的巢穴。这些鸟之前从未见过人类，所以它们一点儿也不害怕。水手们甚至可以直接靠近鸟儿。

燕鸥和鲣鸟

岛上生活着两种鸟——灰燕鸥和褐鲣鸟。这些海鸟生活的繁殖地面积很大。岩石上覆盖着的鸟粪石是鸟粪残留经历数百年硬化而成的。

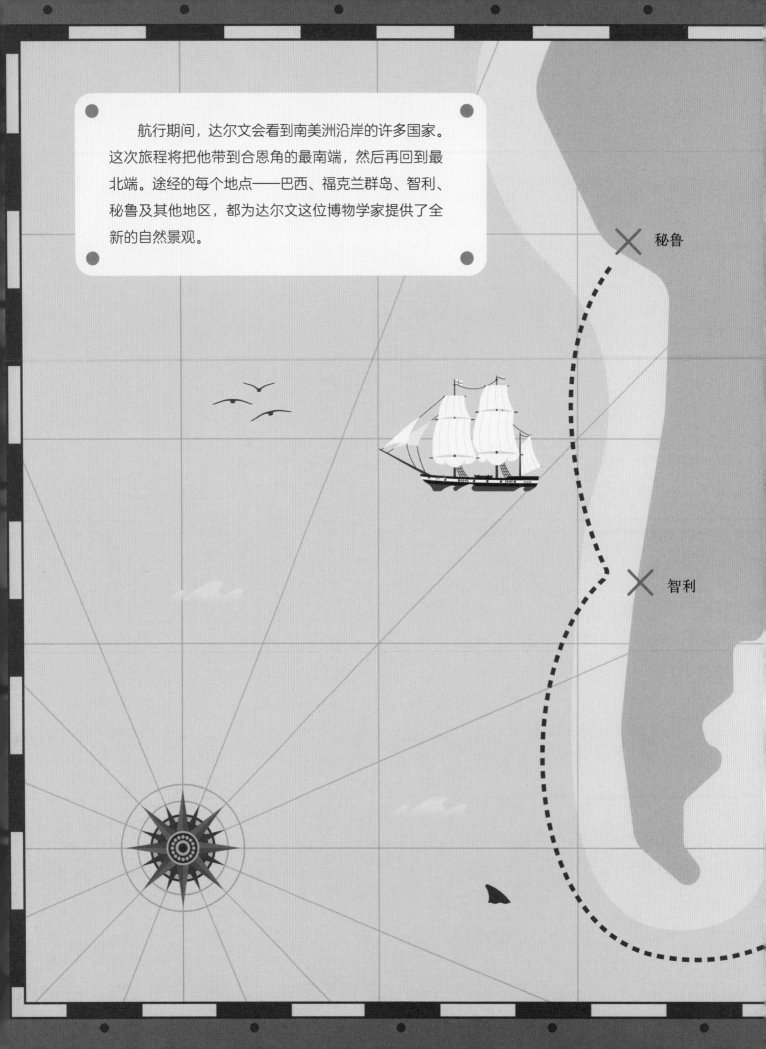

航行期间，达尔文会看到南美洲沿岸的许多国家。这次旅程将把他带到合恩角的最南端，然后再回到最北端。途经的每个地点——巴西、福克兰群岛、智利、秘鲁及其他地区，都为达尔文这位博物学家提供了全新的自然景观。

秘鲁

智利

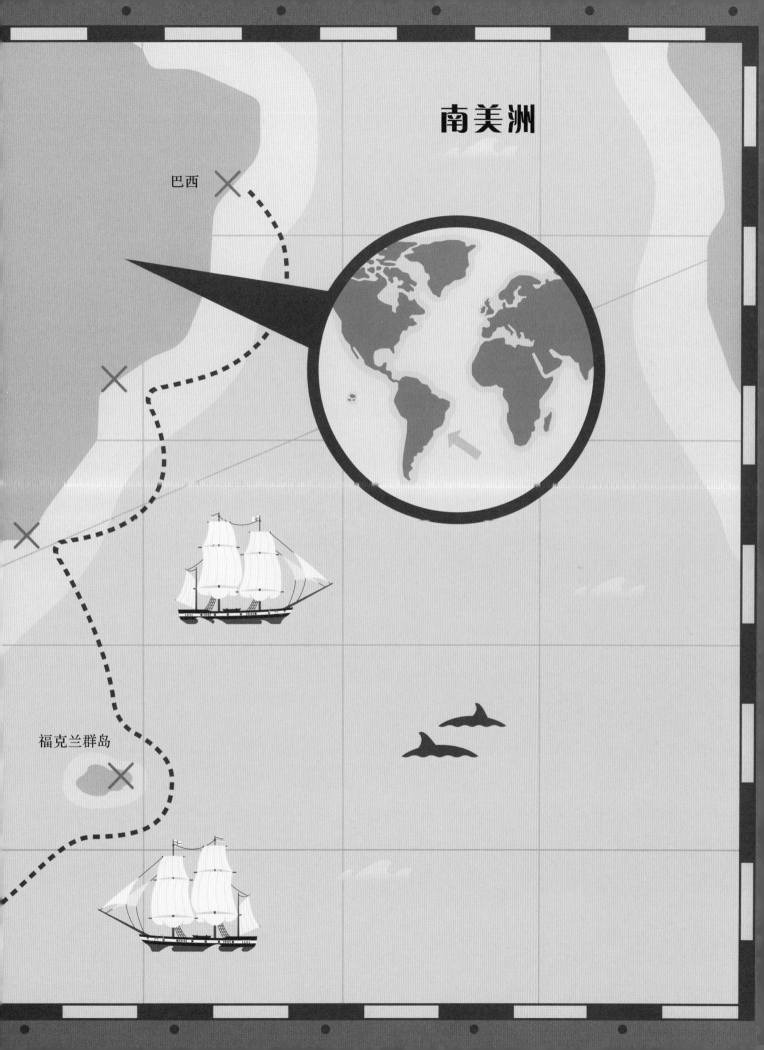

南美洲

巴西

福克兰群岛

全新的世界

当达尔文终于到达巴西时，他会得到"款待"。当他徒步穿越温暖的热带雨林时，他形容风景如此之美是他"做梦也想不到"的。他立即开始做详细的笔记并绘图，记录数据并收集他观察到的动植物样本，准备送回英国。

什么声音？

达尔文扒开藤蔓来到树冠下面时，发现了许多美丽的蝴蝶。他仔细聆听，蝴蝶们发出一连串的咔嗒声。达尔文简直不敢相信自己的耳朵——蝴蝶们好像在互相说话！这可能吗？

发声的蝴蝶

达尔文从来没有想到，他会遇到一群能在飞舞时发出声音的蝴蝶。尽管科学家确定这些蝴蝶是用翅膀发声的，但是直到今天，我们仍然不清楚，蓝色蛤蟆蛱蝶（"发声"蝴蝶）是如何发出咔嗒咔嗒的声音的。

请注意！

目前，科学家们认为发声蝴蝶会利用自己的特异功能向附近的其他蝴蝶传递消息。蝴蝶发出的咔嗒声可以警告其他昆虫远离它们的领地，吸引伴侣，甚至可以与其他昆虫交流。

令人费解的大鸟

在南美洲探险期间，达尔文对美洲鸵这种不会飞的大鸟很感兴趣。美洲鸵看起来有点儿像鸵鸟，头很小，脖子很长，双腿很有力。美洲鸵奔跑时张开双翼，像极了长满羽毛的大帆。

肚子饿了

美洲鸵主要吃带叶的植物、水果和种子，有时它们也吃甲虫，甚至像小蜥蜴这样更大的动物。

大、小美洲鸵

大美洲鸵广为人知，但是达尔文惊讶地发现还有一种小美洲鸵。他寻找了一段时间，可惜运气不佳。后来有一天，船上的画师射中了一只鸟当作晚餐。当达尔文看到盘中的骨头时，他意识到这就是稀有的小美洲鸵。

鸵鸟蛋

美洲鸵蛋

鸡蛋

15 厘米

13 厘米

5 厘米

美洲鸵蛋比鸡蛋大得多，但仍比鸵鸟蛋小。

有趣的问题

发现小美洲鸵让达尔文心中充满了疑问。他不明白同一类鸟的两个不同的物种为什么生活得如此近。他想知道它们是否由同一个祖先进化而来。

新的想法

达尔文收集了所有吃剩下的小美洲鸵的骨头，打包之后，把它们送回了伦敦的动物学学会。他察觉到自己的发现将会产生重大意义。后来，为了纪念达尔文的发现，这种鸟被正式命名为"达尔文美洲鸵"。

发光的生物

达尔文观察到的每一个生物都为人们了解大自然如何运转提供了新的视角。其中，最神奇的生物之一就是萤火虫。达尔文在他的笔记中提到，人们从大约 200 步以外就可以看到萤火虫飞来飞去，发出微弱的光亮。

不会飞的甲虫

萤火虫，属萤科，是一种有翼的小甲虫。"萤科"这个名字太适合这类昆虫了，因为"Lampyridae"一词在希腊语中的意思就是"闪闪发光的东西"。一种生活在澳大利亚和新西兰的蓝光萤火虫也属于这个家族，但是它们没有翅膀。

忽明忽暗

达尔文发现，如果萤火虫受到干扰，它能间断性地发出明亮的光点，好像黑暗中忽明忽暗的小彩灯。

答案在此！

萤火虫通过发光来吸引伴侣。每一次闪光都来自萤火虫腹部下面的光环。光是由萤火虫体内的化学反应产生的。每个不同的萤火虫亚种都有其独特的发光模式。

发光的本领

现在，很多科学家将这种发光的本领描述成生物发光。萤火虫、真菌、水母和许多深海生物都具有这种特殊本领。达尔文看到这些，感到很困惑。即使有些生物关系密切，但是为什么有的能在黑暗中发光，而有的却不能呢？

决一死战

有一天，达尔文正在巴西的里约热内卢探险，他偶遇了一场可怕的战斗。一只超大、多毛的狼蛛正在和一只巨大的胡峰交锋！这位博物学家目不转睛地盯着现场，震惊地看到这两个不同的物种陷入了殊死搏斗。

蜘蛛的本领

狼蛛是一种凶猛的蜘蛛，是可怕的捕食者，可以轻易地捕杀啮齿动物，甚至小型鸟类。然而，达尔文看到狼蛛很快变成了被捕食者，而不是捕食者。

最后的防线

当捕食者接近时，狼蛛通常会抬高后腿，露出尖牙，试图吓跑它。达尔文观察到，胡峰并不容易被击退，它已经形成了一套防御狼蛛进攻的有效方法。

当心胡蜂

这种巨大的昆虫名叫食蛛鹰蜂，或叫沙漠蛛蜂。它有一种可怕的毒刺，可以使蜘蛛瘫痪。据说被它蜇伤后的痛苦无法想象。

幼虫的食物

一只雌性的沙漠蛛蜂杀死一只毫无防备的狼蛛后，将狼蛛的尸体拖进自己的洞穴中。然后，它会在狼蛛的身体附近产卵，便于它的后代出生后进食。达尔文对这种做法感到震惊，他想知道沙漠蛛蜂是如何学会这种生存方式的。

发现化石

　　从英国皇家海军"小猎犬号"上岸后，达尔文并没有一直观察动物，他也花了很多时间研究地质和植物。南美洲的每个角落似乎都能给人带来全新的发现，随着达尔文不断地挖掘，事情开始变得真正有趣起来……

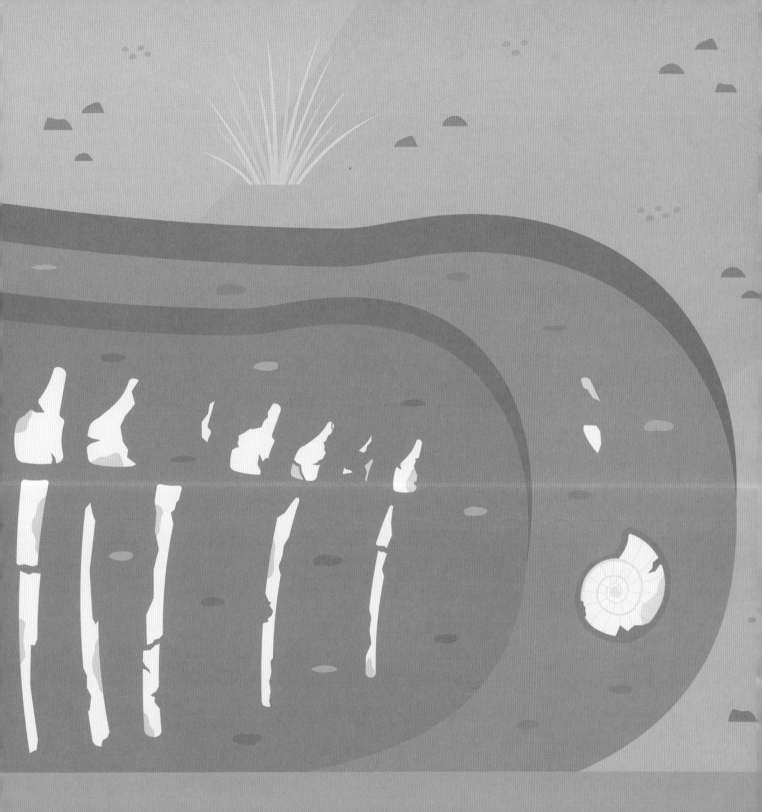

古代遗迹

达尔文发掘到了骨头，这里有很多骨头。他很快意识到，正在挖掘的可能是大型动物的骨骼。这位科学家发现了早已灭绝的哺乳动物的化石。它好像一张巨大的拼图！达尔文仔细地收集并记录了每一块骨头碎片，然后将它们送回英国。

清理化石

这些骨头化石已有数千年的历史了。有一天，达尔文在阿根廷海岸上挖出了一块巨大的头骨。他花了三个小时才把头骨从包裹着它的软岩石中剥离出来，又用了更长的时间把头骨拖回船上。这块头骨属于一种名为大地懒的巨型地懒。

超大型的哺乳动物

　　在达尔文航行之前，科学界还不知道巨型地懒的存在。研究这种哺乳动物的骨头时，达尔文发现它与现代树懒同属一个家族。但是，这种动物可是超级大哦！生活在一万年前的成年大地懒相当于现在的一辆汽车那么大，重达 6 吨，是南美洲有史以来最重的陆生哺乳动物。

萌生想法

　　在挖掘过程中，达尔文收集到了四种不同地懒的材料。这些发现使他感到异常兴奋。发现动物家族、研究像地懒这样的灭绝物种有助于博物学家形成第一手的进化理论。

友好的狼之谜

　　当"小猎犬号"航行到福克兰群岛时，达尔文再次感到十分惊讶。一条长得像狼的大狗在这片岛屿上游荡，它是在这里发现的唯一本土哺乳动物。这种动物很温顺，敢于在人类的营地周围闻嗅，没有任何害怕的迹象。达尔文对这只友好的狼感到困惑——它看起来不太像这片大陆上的任何其他犬种。他想知道它是怎么到达遥远的福克兰群岛的。为什么其他哺乳动物没有一起来呢？尽管达尔文在笔记本上记下了思考这个问题的过程，但这个谜团很久以后才被解开。今天的 DNA 数据显示，这种哺乳动物非常有可能是搭乘流动的冰山或漂浮的木头前往福克兰群岛的。

观点和理论

　　这次旅行让达尔文脑洞大开，催生了各种新奇的想法。他发现的令人惊奇的野生生物、发掘的有趣的化石和收集的新标本都抛出了很多难题。有些动物是如何巧妙地适应周围环境的？为什么有些物种能繁衍生息而另一些却灭绝了？达尔文的旅程将永远改变他认识世界的方式。

短翅船鸭

　　在福克兰群岛，一只有趣的小鸭子吸引了达尔文的目光。灰色的短翅船鸭是一种游禽，它的嘴很坚硬，能够咬碎甲壳类动物，这是它最喜欢的食物。短翅船鸭的翅膀又小又弱，无法飞行。

划桨和飞溅

　　当短翅船鸭想要快速到达某个地方时，它会在水中抬起身子，然后用强健的腿部肌肉向前划动，同时拍打翅膀，水花飞溅。达尔文不得不承认真是"鸭"如其名，它真的像明轮艇一样移动！（短翅船鸭的英文是"steamer duck"，明轮艇的英文是"paddle steamer"。）

翅膀的疑问

福克兰群岛偏僻而安静，天气寒冷，狂风肆虐。这并没有耽误达尔文探险，他有很多事要做！尤其是这里的鸟类很令人惊讶。它们大多繁衍能力很强，但是有些鸟类却不会飞行。如果它们生来不具备飞行的能力，那么为什么要长翅膀呢？

沉思的企鹅

达尔文知道福克兰群岛上生活着四种企鹅，但麦哲伦企鹅大概是他亲眼见到的唯一一种企鹅。这种企鹅的头很小，有黑白条纹。尽管它们和其他企鹅在很多方面都相似，但是它们却不在冰雪中生活。麦哲伦企鹅用翅膀划水，是游泳健将。

去向何处

达尔文很喜欢这种叽叽喳喳的麦哲伦企鹅。有一天，他背对大海、面朝企鹅站在那里。这只企鹅没有改变自己的路线，而是直接走向这位博物学家。它勇敢地挺起胸膛，将达尔文挤到一边，径直向前走。这只企鹅好像已经规划好了走向大海的路线。

不必会飞

　　翅膀似乎并不都是用来飞行的。也许在福克兰群岛上，有些鸟不需要飞行。达尔文想到了短翅船鸭。它没有天敌，完全适应了岛上的生活，这里就是它的家。

英雄达尔文

　　"小猎犬号"继续航行。有一天，当达尔文和船员们下船探索一座小岛时，一块巨大的冰块从附近的冰川上掉下来，坠入了大海。冰块太大了，在海面上掀起了巨大的海浪，径直冲向"小猎犬号"的划艇。

达尔文参与营救

　　船员们处于极度危险之中，没有划艇，他们将永远不能回到自己的船上！刺骨的海水太冷了，人根本无法在里面游泳。达尔文和另外两三名船员冲进海里，及时将划艇救了回来。

达尔文桑德

　　菲茨罗伊舰长非常感谢达尔文。没有这位博物学家的快速反应，所有的人必将陷入孤立无援的境地。为了纪念达尔文的营救行动，菲茨罗伊宣布把该地区命名为"达尔文桑德"。直至今天，南美洲最南端附近的大片海域仍然沿用这个名称。

小小鸟的魔力

　　巴西的山脉和森林充满了生机和活力。大型昆虫在森林里爬行，鲜艳美丽的热带花朵在空气中弥漫着香气，一些奇特的鸟类在树枝间跳来跳去。达尔文很是着迷。他在笔记中写道，他觉得自己像个"正在放假的小学生"。也许是因为他刚刚遇到了世界上最迷人的生物——一只闪着微光的小蜂鸟。

闪亮的颜色

　　蜂鸟很小，一只手掌就能容纳，但是它们非常迷人。蜂鸟用长长的喙从不同的花朵中采蜜，并以此为食；耀眼的、彩虹般的羽毛在阳光的照射下闪闪发光。

盘旋和掠过

　　对于一位来自英国的博物学家来说，蜂鸟飞行一定是一幅令人惊讶的景象。这种小鸟能够在半空中盘旋，就像一个用隐形绳子牵着的木偶。它的翅膀扇动得非常快，肉眼几乎看不见。而当它在花朵间采蜜时，还会发出嗡嗡的声音。

燕尾蜂鸟

　　达尔文在爬佩德拉达加维亚山时发现了四种不同类型的蜂鸟。他观察这些鸟类时，注意到有一种鸟的尾巴非同寻常。燕尾蜂鸟的分叉尾巴很长，相当于身体长度的一半。这种羽毛排列方式非常适合它在空中盘旋时保持平衡。

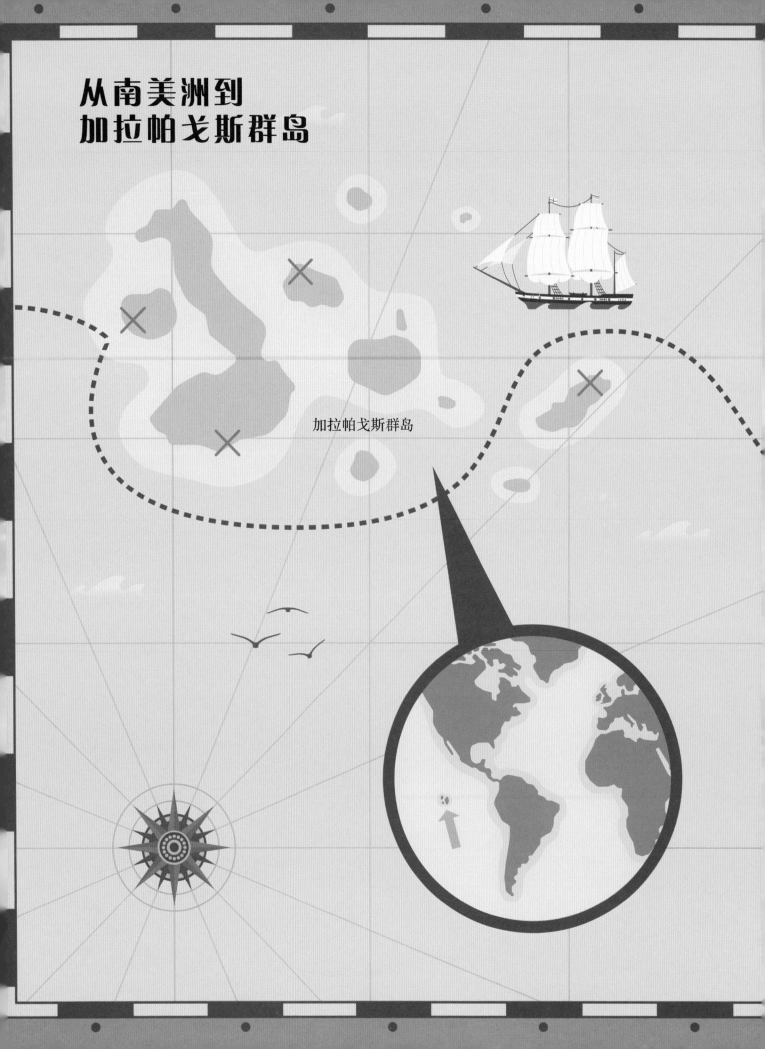

从南美洲到
加拉帕戈斯群岛

加拉帕戈斯群岛

达尔文的每一段旅程都充满了戏剧性。起先，他生了一场病，后来在离开南美洲之前目睹了火山爆发和大地震。1835 年 9 月，"小猎犬号"朝加拉帕戈斯群岛进发。加拉帕戈斯群岛是岩礁群，离南美大陆 1000 公里。

秘鲁

奇怪新世界

　　"小猎犬号"刚刚抵达加拉帕戈斯群岛时，这里看上去荒凉贫瘠，毫无吸引人之处。数百万年前，这里的火山很活跃，群岛中有 18 座较大的岛屿上都覆盖着黑色的熔岩。这些岛屿相距不远，气候也很相似。

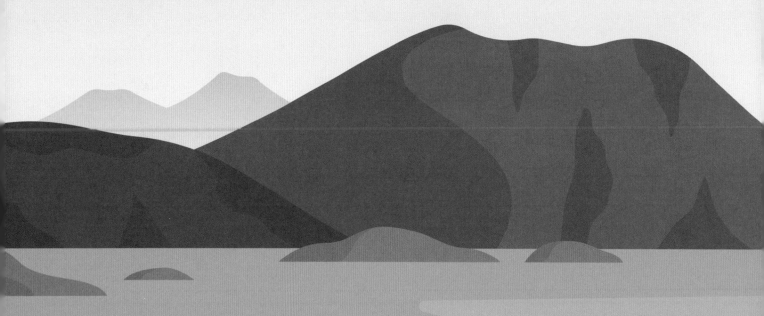

海洋中的绿洲

　　加拉帕戈斯群岛的地形奇特，这里实在是太非同寻常了！达尔文上岸时，他大吃一惊。这些岛屿既不贫瘠，也不荒芜，而是拥有丰富的野生动植物。

永远的科学

　　截至此时，达尔文已经离家超过三年半，但是他探险的热情却丝毫没有减退。他帮助"小猎犬号"的船员勘查了许多岛屿，一路上也收集了很多岩石和动植物的标本。他在这时所记的笔记至今仍在改变科学的发展进程。

无所畏惧

　　加拉帕戈斯群岛上的鸟类从未见过人类。达尔文靠近这些鸟时，它们仍然一动不动，像被驯服了一样待在栖息处，不怕被人近距离地观察。这些鸟好像与达尔文在南美洲见过的鸟类有着广泛的亲缘关系，但是每一种都有其独特的特征。

加拉帕戈斯群岛的鸟

达尔文很快意识到，有几种鸟已经形成了自己确保安全和寻找食物的特殊方法。每一种鸟都非常适应岛屿的生存环境。

蓝脚鲣鸟

这种鲣鸟很难逃过达尔文的眼睛——它有一双蓝色的脚，看起来很有趣。尽管鲣鸟在陆地上笨手笨脚的，但当它潜入海中时，一切都不一样了。鲣鸟的脚就像鳍一样，能在水中自由划动。

蓝嘲鸫

过了一段时间，达尔文注意到，虽然这些岛上的蓝嘲鸫生活的地方距离并不太远，但是这些蓝嘲鸫彼此之间略有不同。它们的喙长得各不相同，喉咙、胸部和翅膀上的斑纹也形态各异。

黄林莺

从北部的阿拉斯加一直到南部的秘鲁，整个美洲随处可见这种羽毛鲜艳的黄林莺。尽管黄林莺也遍布加拉帕戈斯群岛，但是每座岛屿上的数量却略有不同。

各自生长

在加拉帕戈斯群岛，达尔文观察到的单一物种似乎都经过发展，产生了很多相似但又略有不同的新物种。除了鸟类，植物也在加拉帕戈斯群岛的三个不同区域呈现出很多不同的形态。

沿海区

岛屿海滩附近的狭长地带。这里生长的植物抗风、耐盐。

干旱区

加拉帕戈斯群岛绝大部分都是干旱的沙漠区域。只有带刺的仙人掌和无叶灌木能够在这里生长。

潮湿区

加拉帕戈斯群岛中，只有最大的岛屿上才有潮湿的区域。这些地势较高的地方长满了绿色的树菊属植物。

发现不同

  岛上的树木形态各异——有些高耸林立，有些只有矮灌木那么高。甚至每片深林中，树菊属植物的叶片形状和毛羽也千差万别。加拉帕戈斯群岛上的每种树都适应了自己那个小角落的独特环境。

适应环境

  加拉帕戈斯群岛因深海的火山喷发而形成，为生命的成长创造了全新的环境。群岛距离大陆很远，所以仙人掌、苔藓和其他生活在这里的生物与其他物种隔离开来。现在我们知道，这些差异就是适应环境而进化的结果——当动植物为了适应当地的气候和栖息地而做出适应性改变时，就会发生这种情况。

观察鸟类

在加拉帕戈斯群岛，达尔文漫步于茂密的森林，无论走到哪儿，他都能看到成群结队的雀类。这位博物学家在这片干燥的土地上找到了至少 13 种不同的雀类，每一种都与其他雀类略有不同。达尔文将这些雀类标本送回伦敦，后来帮助他解开了进化论的奥秘。

独一无二

在世界上的其他地方，我们都找不到加拉帕戈斯群岛上的雀类。群岛形成初期，一些鸟类一定是从南美洲飞到这片新家园的，也可能是随着风暴从海洋的另一边来到这里。

肚子饿了

加拉帕戈斯群岛的植被茂密，动物也很多，所以有丰富的食物可供选择。因为没有任何竞争，也没有捕猎者，雀类无须担惊受怕，得以生存繁衍。经过很长一段时间，不同的雀类群体都可以很好地适应当地丰富多样的食物。

发现小鸟

达尔文非常喜欢收集。他小心翼翼地捕捉了尽可能多的雀类，将这些标本逐一打包，寄回伦敦。他在每个标本上都贴了标签，但是没有注明发现它们的岛屿。

近亲关系

达尔文发现的雀类即将举世闻名。人们通常认为这些雀类为达尔文的进化论带来了灵感，但是直到后来他才意识到它们的重要性。达尔文回到英国后，是一位名叫约翰·古尔德的鸟类专家告诉他这些雀类是近亲。

达尔文雀

达尔文做了细致的笔记和记录，花费了好几个小时在"小猎犬号"的船舱里写下自己的发现。他仔细测量、检查每只雀的各个部位。通过研究每种雀类，达尔文发现这些雀的头部有不同之处，它们的喙也略有不同。他认为由于栖息地的食物不同，雀类的喙进化出了相适应的特征。这些雀类吃不同的食物，因此它们之间没有相互竞争。他想知道发生这一切的原因和方式。

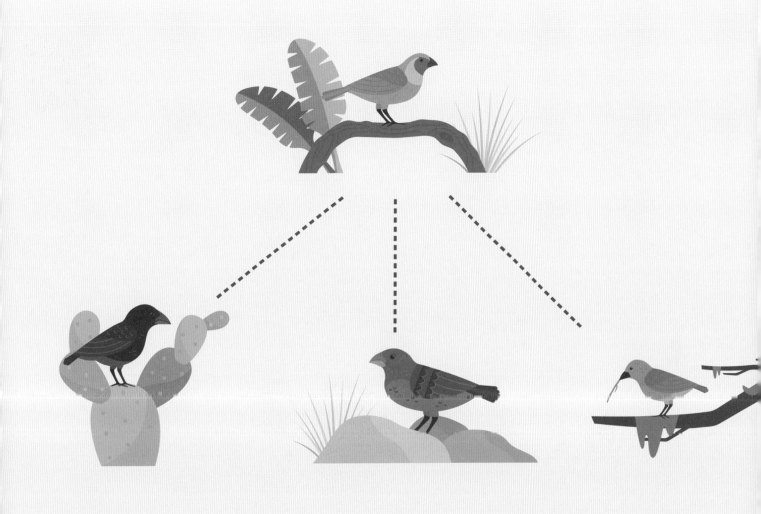

诸多不同

令人惊讶的是，那么多不同种类的雀可能都来自同一个南美祖先。其中一些雀类进化出了尖尖的大喙，能吃坚硬的种子。而其他雀类的喙较小，更喜欢也更适合吃小一点儿的种子。

除了头部和喙的变化，这些雀类还有其他不同之处。有些雀类的体形更大、尾巴更长，有些雀类的羽毛颜色柔和，还有些雀类甚至能发出独特的鸣叫。

后来，这些不同的雀类帮助达尔文萌生了"自然选择"的观点。随着时间的流逝，能够迅速适应自然环境变化的动植物就是易于生存的物种。达尔文雀初到加拉帕戈斯群岛时便是如此。如果它们不能进化喙的形状和改变进食习惯，那么它们可能早已灭绝。

喙

吃种子

　　加拉帕戈斯群岛上共有十多种雀类是近亲关系。大多数的地面鸟类以坚果和种子为食。它们的喙的形状很适应当地种子的大小和硬度。在加拉帕戈斯群岛，各岛屿相距太远，雀类无法越岛飞行和交配繁殖。

吃仙人掌和水果

　　仙人掌地雀的进食习惯极其特殊，它用喙吃像仙人掌这样的多刺植物。这种聪明的小鸟已经学会了如何从动植物中获得各种营养——吃果肉、果实和以仙人掌花为食的昆虫。其他雀类也适应了吃浆果类的较软食物。

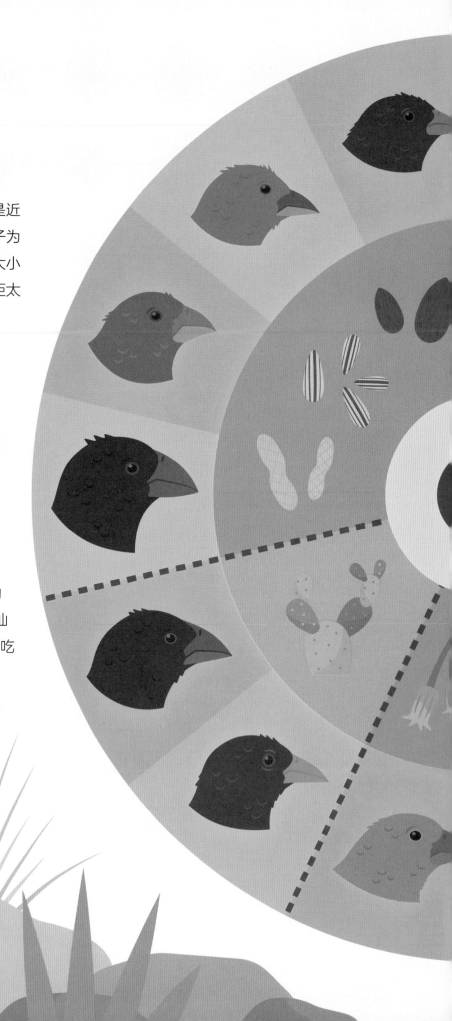

吃昆虫

很多树雀更善于吃爬虫，而不是种子。它们的喙有特殊的抓取和探寻功能，可以轻易地从狭长的空间中叼出虫子，然后快速吞下。鸮形树雀将其捕食技巧提高到如此高的程度，甚至能够使用工具。它们已经学会了将小树枝折成合适的长度，然后将其当作叉子来叉住小虫做晚餐。令人印象深刻！

大型动物的乐园

达尔文认为加拉帕戈斯群岛本身就是一个"小小的世界"。大型爬行动物也在岛上漫游，如满脸褶皱、背着巨大硬壳的大乌龟。达尔文测量了它们的爬行速度，观察它们下蛋，估算它们的饮水量。

圆顶龟

没过多久，达尔文便发现岛上主要有两种乌龟。大多数乌龟长着短脖子和短腿，龟壳呈圆顶形。圆顶龟前部的壳是封闭的，如果遇到危险，它就会把头缩进去，坚硬的外壳能保护它的安全。这种圆顶龟和大陆上的乌龟最接近。

鞍背龟

达尔文在岛上发现的另一种龟有一个前部隆起的龟壳，像马鞍一样。这种龟更具攻击性，如果它想变得更高，它就会向上伸直脖子，四肢伸得更长。鞍背龟主要生活在加拉帕戈斯群岛上较干旱的地区。尽管鞍背龟的脖子和腿更长，但是它们的体形略小。

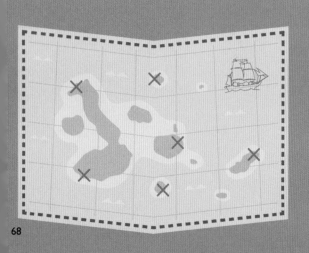

众所周知

并不是只有达尔文发现了加拉帕戈斯群岛上的乌龟有形态各异的壳，当地人也注意到了。他们告诉这位博物学家，每座岛屿上的爬行动物都有所不同。甚至有人声称，只要看到乌龟壳，就能知道它的栖息地在哪里。

栖息地，栖息地

　　圆顶龟不需要努力觅食，它们生活的岛屿上有很多茂密的灌木丛。它们只要低头爬行，走到哪儿就能吃到哪儿。鞍背龟习惯在植被较少的低地生活，隆起的龟壳能让它们抬起头来吃一些灌木、矮树和仙人掌。

巨型怪物

陆鬣蜥

加拉帕戈斯群岛上主要有两种鬣蜥。陆鬣蜥生活在内陆，以植物和树叶为食。这种笨拙的黄蜥蜴上午晒太阳，夜幕降临时就爬回自己的洞穴。这有助于它们保持体温和存储活动时需要的能量。

达尔文对所有的生物都感兴趣，但是加拉帕戈斯群岛上的鬣蜥却考验了他对自然的热爱程度。这种有鳞的爬行动物在海滩边栖息，向外吐着舌头，尾巴左右摇摆。乍一看到它们，达尔文感到恶心。

海鬣蜥

海鬣蜥是世界上唯一能适应海洋生活的蜥蜴。达尔文并没有关注它墨黑色的鳞片和令人毛骨悚然的大眼睛。他认为这种生物极其"恶心""笨拙"。然而，当它在海洋中时，达尔文发现自己大错特错了。海鬣蜥的身体很适合在海中游动，优雅而自如，它们还会用锋利的牙齿在游经的岩石上掠食海藻和海草。

思考时间

　　1835 年 10 月，"小猎犬号"离开加拉帕戈斯群岛，继续它的伟大航行。达尔文在岛上待了仅仅数周，但是他却发现了各种各样令人惊奇的生物。他和他的助手赛姆斯·考文顿收集了很多标本，回国后可以分享给其他科学家。在船上的时候，达尔文记录并打包了一只鸽子、四条蛇、两只猫头鹰、一只秃鹰和很多其他生物的标本。然而要保存的昆虫较少，他在加拉帕戈斯群岛上也注意到了这一点。达尔文还试图带回他发现的每一种丌花植物的标本。

改变时机

　　随着"小猎犬号"继续航行，达尔文有了更多的时间去研究他收集的鸟类、爬行动物和植物的标本。直到那时，他才开始意识到这座岛屿上有那么多独特的物种。达尔文希望返回去再看一眼吗？也许是。后来，他写道："这是每个航海者的命运，当他刚刚发现某个地方的某种生物更值得注意时，就快要离开了。"

"小猎犬号"继续向西航行，穿越浩瀚的太平洋。在下一段航程中，船员们将经过热带的塔希提岛，然后前往新西兰、澳大利亚和塔斯马尼亚岛。到了 1836 年 4 月，"小猎犬号"一直航行到遥远的科科斯群岛——位于印度洋东部的小环礁。此时，达尔文差不多该考虑返航回家了。

科科斯群岛

澳大利亚西部

从加拉帕戈斯群岛到科科斯群岛

澳大利亚东部 ✕

新西兰 ✕

塔斯马尼亚岛
✕

神奇生物

　　达尔文来到澳大利亚，非常渴望了解这个国家。这片辽阔的异国大陆拥有各种奇异的生物。袋鼠、沙袋鼠、考拉和很多其他物种在地球上的其他地方都找不到。想象一下，达尔文第一次遇到鸭嘴兽时产生了什么想法。这种奇怪的小型哺乳动物长着鸭子一样的扁平喙、水獭般毛茸茸的身体和河狸一样的宽尾巴。达尔文在笔记中写道，鸭嘴兽生活在世界上的一个小角落，非常适合在南半球的小溪和小河中潜水。

发现礁石

　　探索完澳大利亚和新西兰的广阔天地，菲茨罗伊舰长制定航线前往小环礁——名叫科科斯群岛的环形礁。礁石周围是沙滩和椰子树，但是海浪之下却是一个全新的王国。达尔文涉水观察，注视着水下壮观的珊瑚群。鱼儿在海藻间游来游去，海参饱满且多褶，海星懒洋洋地趴在岩石上。

环礁的诞生

　　礁石上栖息着很多神奇的海洋生物。珊瑚来回摇摆，明亮的鹦嘴鱼在阳光下闪闪发光。达尔文开始思考这样一个惊人的生态系统是如何形成的。他开始构想一种理论，即礁石最初环绕在一座死火山周围。后来火山沉入海底，只留下这孤零零的环形礁石。

小心螃蟹

科科斯群岛真的很美，但在如此偏远的礁石上生活也有缺点。这里的食物很稀缺——除了鱼，椰子是当地人唯一的水果或蔬菜。达尔文惊讶地发现，很多椰子树都被能长成超大个头的螃蟹把守着。

椰子蟹

达尔文遇到了世界上最大的陆地无脊椎动物——椰子蟹，长达 1 米，是一种生活在珊瑚环礁和热带岛屿上的稀有物种。他观察到螃蟹是如何爬上高高的树，并用强有力的钳子打开椰子壳的。那时，人们对于这种可怕物种的科学信息所知甚少。

钳子的功力

　　达尔文很聪明，他在安全距离之外观察椰子蟹。椰子蟹不仅体形很大，它的钳子也超级强大，能够钳碎自身重量六倍的东西。这位博物学家当时认为，该物种仅生活在太平洋的一个很小的区域，但是现在我们知道它们的生活区域其实更广。

无限生长

　　椰子蟹是一种寄居蟹。在它小的时候，它需要找到一个外壳住进去。它会在那里面觅食和生长，直到外壳变得太紧而无法生存。大约一年后，椰子蟹就会走出便携式的小房子，身体开始变硬。没有了小房子的束缚，椰子蟹就可以随意生长了。

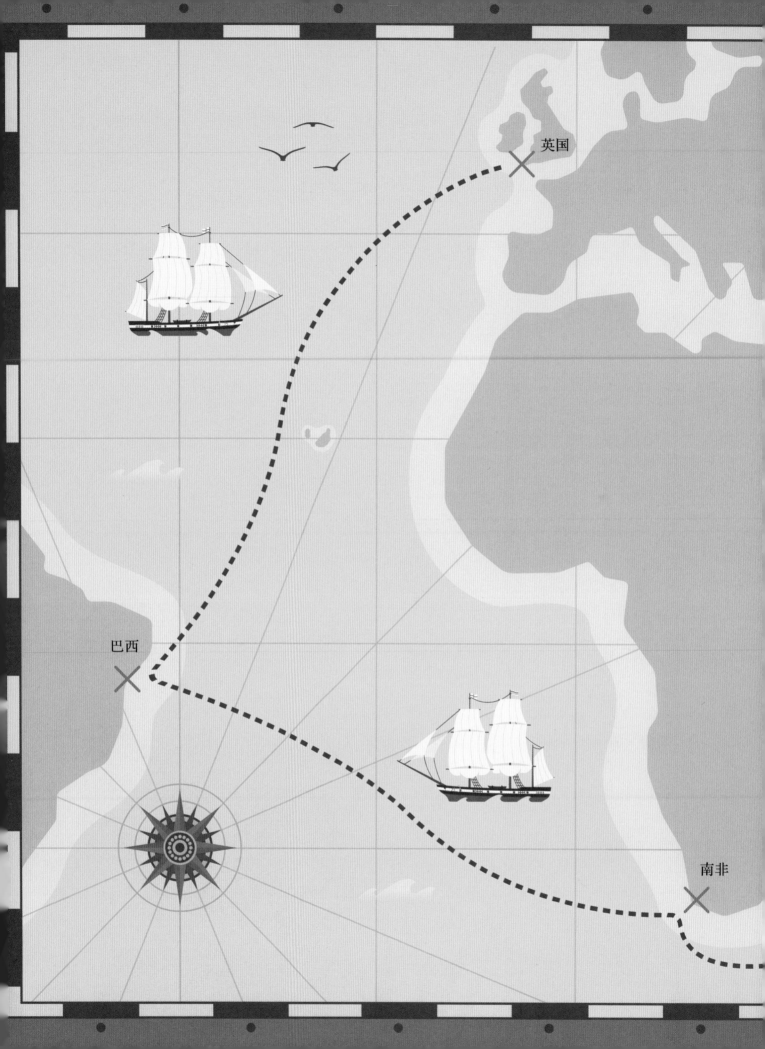

从科科斯群岛回英国

"小猎犬号"史诗般的航程即将接近尾声。它继续向西驶向非洲南端的开普敦。此时，查尔斯·达尔文已经做好了回家的准备，但是船员们需要先在巴西停靠最后一站，菲茨罗伊舰长要在这里做更进一步的调查。1836年8月，"小猎犬号"终于起航，直接返回英国。达尔文非常开心。

科科斯群岛

星空下
的思考

在返乡的航行中，达尔文经常在夜里反思自己的探险之旅。在收集了近五年的标本后，他需要将这几百件标本分类整理。很快就要把他所有的发现归纳成一种模式了，达尔文的脑海中一定萦绕着各种各样的想法。当"小猎犬号"最后一次驶过南半球时，这位博物学家喜欢站在甲板上仰望星空，静静思考。

为我指路

自古以来，星星在水手航行的过程中都很重要。历经千年，他们都是依靠夜空中的星星在无边无际的大海上航行。明亮的北极星永远不会消失在地平线下，所以人们把它当作定位器。

南半球的星星

随着地球的转动，我们可以看到天空中不同的景象，但是这并不意味着南半球和北半球的观星者可以看到相同的星座。虽然有些星星在赤道南北都能看到，但是其他星星只能在南半球或北半球看到。

真正的旅程

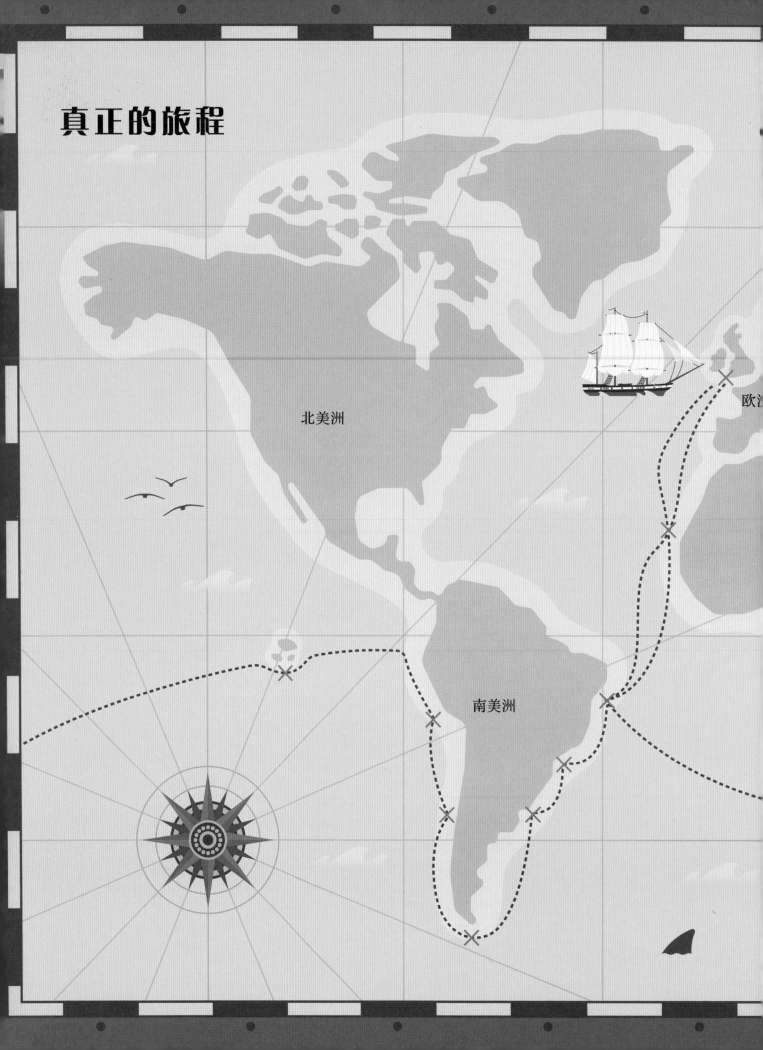

北美洲

欧洲

南美洲

"小猎犬号"的旅程并未完全按计划进行。由于天气恶劣，船只没有在马德拉群岛停靠，而由于疾病原因，也没能停在加那利群岛。此外，菲茨罗伊舰长又计划返回南美，以便完成他已经开始的工作。

亚洲

澳大利亚

新西兰

最后一程

达尔文离开朋友和家人已经很长时间了，但是他一直努力往伦敦寄长信。他写信给他的兄弟姐妹、他的父亲和他的科学同人。现在，他终于可以期待和他们相聚了。他一定想知道再次见面会是什么情景。

经停休息

回到英国的旅程不会太快。"小猎犬号"用了长达几个月的时间才返回赤道。达尔文和船员们时常会中途停歇。归程途中，他们参观了毛里求斯、圣赫勒拿岛和亚速尔群岛。

机不可失

返回途中，他们经过南美洲时，菲茨罗伊舰长感觉自己在绘制圣萨尔瓦多地图时可能犯了一些错误。他决定返航去做一些更正。当船员们返回绘制地图时，达尔文得到了最后一次探索巴西森林的机会。

顿觉轻松

当菲茨罗伊舰长决定准备离开巴西时，达尔文松了一口气，尽管他知道整个航程不会太愉快。虽然达尔文多年来一直生活在海洋的风浪中，但是这位博物学家仍然有严重的晕船症。他迫不及待地想要结束这次"浪费时间、有损健康、极不舒适的枯燥痛苦的旅程"。

温馨的家

经过 4 年 9 个月零 5 天的航行，"小猎犬号"最终返回了英国海域。达尔文看到家乡熟悉的景象，闻到家乡熟悉的味道，一定非常兴奋。他离开英国时还是个缺乏经验的年轻人，回来时已经是成熟的博物学家了，他迫切地渴望验证自己开创性的新观点。

回家

  菲茨罗伊、达尔文和所有船员还要面对最后一个挑战——"小猎犬号"在返港途中，一场暴风雨席卷而来。在一个黑暗沉闷的夜晚，舰艇终于在 9 点钟停靠在法尔茅斯港。达尔文一分钟都没有耽误，他和船友们做了简短的告别，然后就出发回家了。

惊喜！

  达尔文花了点儿时间才回到什鲁斯伯里。当他在夜深人静回到家时，家人们都已经睡着了。直到第二天早上，达尔文才偷偷溜进餐厅，那时父亲和姐妹们正在吃早饭。大家都从椅子上跳了起来，看到达尔文终于回家了，他们都高兴地尖叫起来。

再次起航

　　"小猎犬号"为菲茨罗伊舰长立下了汗马功劳，但是整个航程也给船只带来了一定损耗。船只亟须修缮。1836 年 11 月，"小猎犬号"进行了改装。1837 年 7 月，"小猎犬号"准备再次起航。约翰·威克汉姆被任命为新舰长，负责"小猎犬号"的第三次航行，也是最后一次。

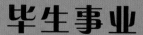
毕生事业

达尔文永远都不会忘记"小猎犬号"的旅程。回到英国后，他着手将自己的见闻经历进行科学研究，并期望有所突破，这是一个漫长的过程，同时会永远改变现代人的思维方式。很多年后，达尔文已经是位老者，他写下了这次探险对他的意义：

"跟随'小猎犬号'航行是我人生中最重要的事情，这决定了我的职业生涯。我所有的思考和阅读都直接取决于我见过和可能见过的东西；在这五年的航行中，我一直保持着这种思维习惯。我确信正是这种训练方式促成了我的科学成果。"

《物种起源》

    达尔文回家后，很多年都在研究他的收藏，并向地质学和自然历史学专家展示这些藏品。他凭借自己的实力，很快成为了一位备受尊敬的科学家。然而，直到 20 年后，达尔文终于在 1859 年出版了他关于"自然选择"的理论著作，即《物种起源》。

"全英国最危险的人"

    通过自然选择，只有那些最能适应环境的物种才会存活下来。这对维多利亚时期的社会来说是残酷的披露，因为"自然选择"的观点挑战了上帝创造地球、创造生灵的普遍观念。神学家称达尔文是"全英国最危险的人"。1871 年，达尔文进一步提出了人类和猿类是由同一个祖先进化而来的。

改变规则

    跟随"小猎犬号"的航行让达尔文全方位地接触了大自然。这些丰富的收藏为他阐释"自然选择"的理论提供了必要的证据，解释了加拉帕戈斯群岛雀类之间的区别，并提出了物种适应环境的其他方式。"自然选择"为达尔文的进化论提供了支撑。

达尔文的遗产

最初，达尔文的研究并不受欢迎，但是确实带给人们很多思考。后来，科学界准备采用现代科技来证明他的"自然选择"理论。科学家们在工具的帮助下，将动植物分门别类，然后研究它们得以生存的特征。

基因密码

科学家们研究生物特征如何在自然界中延续，并发展形成了基因学。他们已经知道，每种生命形式都在其细胞中携带一种名叫 DNA 的化学密码。DNA 代代相传。通过研究达尔文雀的基因密码，现在我们能证实达尔文的观点——这些鸟类共享一个祖先——是正确的。

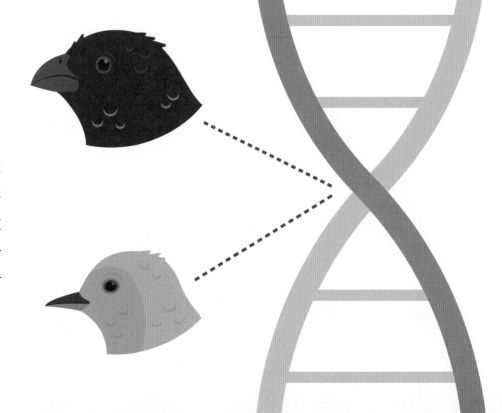

人类的血统

达尔文是一个生性腼腆、容易紧张的人，不喜欢在公众场合谈论自己的理论。尽管当时很多人猛烈抨击人是由猿进化而来的观点，但他的观点现在却广为大众接受。研究表明，人类的基因和我们的近亲黑猩猩的基因只有1%或2%的不同之处。

发现之旅

尽管人们对达尔文的诸多观点仍有不赞同之处，但是没有人能够否认他所做的工作的重要性和影响力。他开启了人类观察世界、思考世界的变革。达尔文鼓励科学要研究各个方面——不断检验他的发现并继续研究。他是他那个时代最伟大的博物学家，也许一直都是。

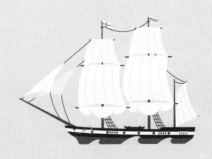

绿色印刷　保护环境　爱护健康

亲爱的读者朋友：

　　本书已入选"北京市绿色印刷工程——优秀出版物绿色印刷示范项目"。它采用绿色印刷标准印制，在封底印有"绿色印刷产品"标志。

　　按照国家环境标准（HJ2503-2011）《环境标志产品技术要求 印刷 第一部分：平版印刷》，本书选用环保型纸张、油墨、胶水等原辅材料，生产过程注重节能减排，印刷产品符合人体健康要求。

　　选择绿色印刷图书，畅享环保健康阅读！

北京市绿色印刷工程

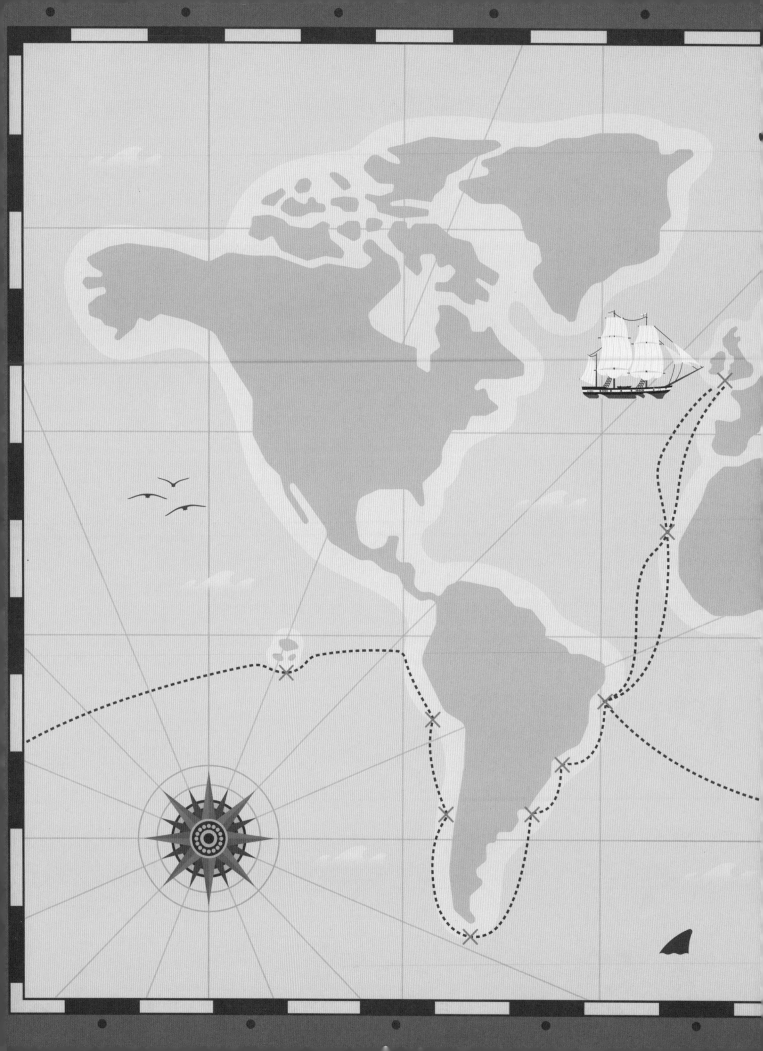